INHALT

Seite 5	Warum dieses Buch?
Seite 6	Was ist Mobbing?
Seite 7	Warum mobben Menschen?
Seite 8	Interview mit Michael Laas
Seite 10	Was kann ich tun, wenn ich gemobbt werde?
Seite 12	Interview mit Jan Kurz
Seite 14	Interview mit Andrea Oppermann
Seite 16	Wie sorgen Sie dafür, dass Sie nicht gemobbt werden?
Seite 18	Fragen zu Mobbing
Seite 20	Wie geht man gut mit Kollegen um?
Seite 22	Ein kleiner Test
Seite 24	Mobbing am Handy und im Internet
Seite 26	Wörterliste

Mehr als 1 Million Deutsche werden bei der Arbeit gemobbt.

WARUM DIESES BUCH?

In diesem Buch geht es um Mobbing bei der Arbeit. Mobbing kann jeden treffen. Dabei kann jemand von seinen Kollegen gemobbt werden. Manchmal wird man sogar von seinem Chef gemobbt.

MOBBEN ODER ÄRGERN?

Mobben ist etwas anderes, als jemanden mal zu ärgern. Jeder macht mal einen Witz über einen Kollegen. Zum Beispiel über seine Kleidung oder seine Arbeit. Das nennt man „sich gegenseitig ärgern". Und das ist meistens nicht so schlimm. Man lacht dann oft gemeinsam über die Sprüche. Was aber, wenn die Witze immer unfreundlicher werden? Und alle immer wieder über die gleiche Person lachen? Das kann dann zu Mobbing werden.

UNGLÜCKLICH

Mobbing kommt oft vor. Mehr als 1 Million Deutsche werden bei der Arbeit gemobbt. Manchmal ist es ein einzelner Kollege, der ständig gemein ist. Manchmal sind es auch mehrere Kollegen. Durch Mobbing kann man sehr unglücklich werden. Viele Menschen, die gemobbt werden, werden krank. Oder sie trauen sich nicht mehr, zur Arbeit zu gehen.

RESPEKT

In diesem Buch finden Sie Informationen zum Thema Mobbing. Was ist das genau? Und was können Sie tun, wenn Sie gemobbt werden? In diesem Buch finden Sie Antworten auf solche Fragen. Außerdem gibt es Interviews mit Menschen, die selbst Mobbing erlebt haben. Oder die anderen bei Mobbing helfen. Es gibt Tipps, wie man gut mit den Kollegen umgeht. Respekt ist zum Beispiel wichtig. Das bedeutet, dass man die Kollegen achtet und ernst nimmt. Auch wenn sie eine andere Meinung haben, lässt man sie ausreden und lacht nicht. Jeder darf so sein, wie er eben ist.

In diesem Buch gibt es ein paar schwierige Wörter. Diese Wörter sind unterstrichen. Sie werden in der Wörterliste auf Seite 26 erklärt.

WAS IST MOBBING?

Stellen Sie sich vor: Sie arbeiten in einem tollen Unternehmen mit netten Kollegen. Dann kommt ein neuer Kollege dazu. Sie und die anderen Kollegen verstehen sich einfach nicht mit ihm. Dieser Kollege sagt immer unschöne Dinge über Sie. Zum Beispiel, dass Ihre Kleidung hässlich ist. Oder er sagt, dass Sie Ihre Arbeit nicht gut machen.

Zu Anfang hören Sie nicht hin. Doch die Bemerkungen werden immer schlimmer. Und dann machen Ihre anderen Kollegen auch mit. Die Kollegen sagen nun auch hässliche Dinge zu Ihnen. Sie werden immer unglücklicher. Und Sie trauen sich nicht mehr zur Arbeit.

MIT ABSICHT

Beim Mobbing ist jemand mit Absicht unfreundlich zu einem. Er will, dass es Ihnen schlecht geht. Er macht Bemerkungen über das Aussehen oder die Arbeit. Manchmal kann es auch um Sex gehen, obwohl man gar nicht über dieses Thema reden will bei der Arbeit.

BEDROHEN

Besonders schlimm wird es, wenn man auch bedroht wird. Zum Beispiel: Jemand sagt, dass man schlecht arbeitet. Und dass er einen schlägt, wenn man sich keine Mühe gibt. Manchmal schlägt diese Person dann sogar wirklich zu.

ANGST

Man kann von einem Kollegen oder von mehreren gemobbt werden. Manche Kollegen finden es schlimm, dass man gemobbt wird. Aber sie trauen sich nicht, etwas zu sagen. Sie haben Angst, dass sie dann auch gemobbt werden.

NICHT MEHR ARBEITEN

Durch Mobbing wird man immer unglücklicher. Aber man traut sich nicht darüber zu reden. Man schämt sich und hat Angst, dass man entlassen wird. Man fühlt sich so krank, dass man irgendwann nicht mehr arbeiten kann.

WARUM MOBBEN MENSCHEN?

Warum mobben Menschen ihre Kollegen? Warum wollen manche Menschen, dass es jemand anderem schlecht geht? Dafür kann es verschiedene Gründe geben. Hier finden Sie einige.

- EIFERSUCHT

Ein Kollege kann eifersüchtig sein. Zum Beispiel, weil man immer sehr hart arbeitet und viel Lob dafür bekommt. Dann mobbt der Kollege vielleicht. Er kann zum Beispiel behaupten, dass man Fehler macht. Und dass eigentlich er die Arbeit besser macht. Er möchte erreichen, dass man dann kein Lob mehr bekommt.

- ZEIGEN, WER DER CHEF IST

Sie sind gut bei der Arbeit und sagen immer, was Sie denken. Andere hören oft auf Sie. Doch es kann Kollegen geben, denen das nicht gefällt. Diese Kollegen wollen, dass die anderen ihnen selbst zuhören. Darum sagen die Kollegen gemeine Dinge über Sie. Die anderen Kollegen sollen schlecht über Sie denken. Und Sie selbst trauen sich dann nicht mehr, Ihre Meinung zu sagen.

- WEIL JEMAND ANDERS IST

Manchmal wird man gemobbt, weil man anders ist als die Kollegen. Man trägt zum Beispiel andere Kleidung oder man hat eine andere Hautfarbe oder einen anderen Glauben als die Kollegen. Manche Menschen möchten gerne, dass alle auf der Arbeit gleich sind. Sie haben vielleicht Angst vor dem, was sie nicht kennen. Darum machen sie gemeine Bemerkungen über jemanden, der anders ist.

„ICH WAR NICHT MEHR ICH SELBST."

Michael Laas (28) arbeitet in Berlin als Putzkraft. Er reinigt Hochhäuser, zum Beispiel die Treppen und die Flure. Michael ist zufrieden mit seiner Arbeit. Aber letztes Jahr wurde er eine Zeit lang gemobbt.

WARUM WURDEN SIE GEMOBBT?

„Ich bin anders als meine Kollegen: Ich bin homosexuell. Und ich stehe dazu. Die meisten Kollegen akzeptieren meine Homosexualität. Nur ein Kollege und ein Auftraggeber nicht. Diesen Auftraggeber habe ich fast täglich gesehen. Er hat immer blöde Bemerkungen gemacht."

WAS IST DANN PASSIERT?

„Zum Glück haben mich viele Kollegen verteidigt. Sie haben mit dem Auftraggeber gesprochen. Sie haben ihm gesagt, dass sie sein Verhalten nicht richtig finden. Der Auftraggeber wollte sich dann bei mir entschuldigen. Ich habe ihm aber nicht geglaubt. Ich konnte seine Entschuldigung nicht annehmen."

WIE GING ES IHNEN DA?

„Ich fühlte mich richtig krank. Ich habe mehr als einen Monat nicht gearbeitet. Ich hatte Angst und war unsicher. Ich habe mich sogar ständig umgesehen, ob da jemand ist. Und meine Brust tat weh. Ich war nicht mehr ich selbst."

WAS HABEN SIE DAGEGEN GEMACHT?

„Ich habe mit meinem Chef gesprochen. Und der Chef hat mit dem Auftraggeber gesprochen. Aber es hat sich nichts geändert. Damals habe ich dann kurz bei einer anderen Firma gearbeitet. In einem Gartencenter. Da gefiel es mir leider nicht. Darum bin ich wieder zurückgekommen."

SEHEN SIE DEN AUFTRAGGEBER NOCH MANCHMAL?

„Nicht mehr so oft. Ich möchte nicht mehr direkt für diesen Auftraggeber arbeiten. Das habe ich meinem Chef gesagt und er kümmert sich darum. Das klappt jetzt meistens auch gut."

WIE GEHT ES IHNEN JETZT?

„Gut. Ich gehe wieder gerne zur Arbeit. Und ich habe mehr Selbstvertrauen. Als ich gemobbt wurde, habe ich viele Gespräche geführt, mit einem Freund, aber auch mit meiner Schwester und mit meiner Mutter. Jetzt fühle ich mich wieder sicher und sage auch offen meine Meinung."

> „Jetzt fühle ich mich sicher."

WAS KANN ICH TUN, WENN

Wenn man gemobbt wird, ist man traurig. Oder man wird wütend oder ängstlich. Vielleicht zweifelt man an sich selbst. Werde ich wirklich gemobbt? Oder bilde ich mir das nur ein? Und ist es wirklich so schlimm? Aber so sollte man nicht denken. Wenn man sich schlecht fühlt, muss man etwas ändern. Man darf nicht warten, bis das Mobbing von allein aufhört. Denn das passiert meistens nicht.

Es ist wichtig, etwas gegen das Mobbing zu tun. Aber was kann man tun? Das steht auf diesen Seiten.

RUHIG BLEIBEN

Mobbing kann richtig wütend machen. Warum mobbt der Kollege ausgerechnet mich? Manchmal ist man so wütend, dass man am liebsten schreien oder sogar zuschlagen möchte. Aber das ist keine Lösung. So wird alles nur noch viel schlimmer. Darum ist es wichtig, dass Sie ruhig bleiben.

SICH HILFE HOLEN

Es ist wichtig, über das Mobbing zu sprechen. Gehen Sie zum Beispiel zu Ihrem persönlichen Betreuer. Erzählen Sie ihm, wer Sie mobbt. Ihr Betreuer kann mit Ihnen und dem Kollegen ein Gespräch führen. Wenn der Kollege dann nicht mit dem Mobbing aufhört, kann der Betreuer mit Ihnen zum Chef gehen. Der Chef kann eine Lösung vorschlagen. Zum Beispiel, dass der Kollege in einer anderen Abteilung arbeiten soll.

ICH GEMOBBT WERDE?

VERTRAUENSPERSON

Sie können auch mit der Vertrauensperson über das Mobbing sprechen. In den meisten Unternehmen gibt es so eine Vertrauensperson, die Mitarbeitern bei Problemen hilft. Mit ihr kann man alles besprechen und wird nicht ausgelacht. Gemeinsam sucht man nach einer Lösung. Die Vertrauensperson kann zum Beispiel jemand aus dem Werkstattrat sein. Oder es ist ein Sozialarbeiter, der extra für diese Aufgabe eingestellt ist.

Oder Sie sprechen mit einem Freund oder jemandem aus Ihrer Familie.

KOLLEGE

Sie können natürlich auch mit dem Kollegen selbst sprechen, der Sie mobbt. Sagen Sie dem Kollegen, dass Ihnen sein Verhalten nicht gefällt. Schimpfen Sie nicht, sondern bleiben Sie freundlich. Zum Beispiel so: „Du sagst oft gemeine Dinge über mich. Das mag ich nicht. Kannst du mir erklären, warum du das machst?“

„LASSEN SIE SICH NICHT MOBBEN!“

Jan Kurz ist Sozialarbeiter und Vertrauensperson in einer Werkstatt für Menschen mit Behinderung.
Jan erzählt von seiner Arbeit und was er macht, wenn jemand gemobbt wird.

WAS GENAU IST IHRE ARBEIT?

„Ich helfe Menschen, die Probleme haben. Das können Probleme mit Geld oder in der Beziehung sein. Ich helfe auch Menschen, die gemobbt werden. Sie kommen zu mir. Ich spreche dann mit den Kollegen, die mobben. So versuche ich eine Lösung zu finden. Wenn das nicht klappt, gehen der gemobbte Kollege und ich zum Chef. Gemeinsam überlegen wir eine Lösung für das Problem. Einer von den beiden Kollegen kann in einer anderen Abteilung arbeiten. So sieht man sich weniger.“

WAS IST DER UNTERSCHIED ZWISCHEN ÄRGERN UND MOBBEN?

„Das ist schwierig. Was der eine als ärgern empfindet, kann für den anderen schon mobben sein. Manchmal macht jemand ständig Witze über einen Kollegen. Er meint das nicht böse. Aber der Kollege findet die Witze nicht lustig, sondern gemein.
Es gab hier mal jemanden mit einem türkischen Namen. Seine Kollegen haben immer Witze über den Namen gemacht. Sie fanden es lustig, aber der Mitarbeiter nicht. Darum kam er zu mir. Ich habe die Kollegen dann gebeten, damit aufzuhören. Das hat geklappt. Die Kollegen wollten ja eigentlich nur Spaß machen.“

GIBT ES BEI IHNEN OFT MOBBING?

„Nein. Im letzten Jahr nur einmal. Eine Mitarbeiterin hatte einen Streit mit einem Kollegen. Danach hat er sie immer mehr gemobbt. Ihre Eltern haben mir das erzählt. Der Kollege machte dumme Sprüche über sie. Und er ließ sie abends nicht nach Hause gehen. Er hat ihr den Weg versperrt.“

WAS HABEN SIE GEGEN DAS MOBBING GETAN?

„Ich habe ein Gespräch mit dem Kollegen geführt, der gemobbt hat. Ich habe ihm erzählt, das Mobbing bei uns nicht erlaubt ist. Und ich habe gesagt: Wenn Sie nicht aufhören, können wir Sie entlassen. Da hat er sich sehr erschrocken und hat sofort mit dem Mobbing aufgehört.“

WAS KÖNNEN MENSCHEN SELBST GEGEN MOBBING TUN?

„Mein Tipp: Tun Sie gleich etwas dagegen. Lassen Sie sich nicht mobben! Sprechen Sie mit jemandem darüber. Sonst wird es immer schlimmer und Sie wollen irgendwann gar nicht mehr zur Arbeit.“

„Sprechen Sie darüber. Sonst wird es immer schlimmer."

„KEINE ANGST MEHR“

Andrea Oppermann (23) arbeitet in einem Pflegeheim. Dort arbeitet sie mit alten Menschen. Sie macht Hausarbeit, aber sie unternimmt auch etwas mit den alten Menschen. Zum Beispiel spazieren gehen oder Kuchen backen. Vorher hat Andrea in einem anderen Unternehmen gearbeitet. Dort hat sie genäht. Doch da hat sie sich nicht wohl gefühlt.

WARUM HABEN SIE DEN JOB GEWECHSELT?

„Weil mich eine Kollegin gemobbt hat. Sie hat allen Befehle gegeben, auch mir. Und sie hat blöde Sachen über mich gesagt. Sie hat viele Kollegen und auch den Chef gegen mich aufgebracht. Dann ist an einem Wochenende etwas Schlimmes passiert. Darüber spreche ich nicht. Aber danach wollte ich nicht mehr in dem Betrieb arbeiten.“

WAS HABEN SIE DANN GETAN?

„Ich habe es jemandem von der Personalabteilung erzählt. Danach bin ich in eine andere Abteilung gekommen. Das hat aber nicht viel gebracht. Das war nämlich direkt neben meiner alten Abteilung. Ich hatte immer noch Angst vor der Kollegin. Darum habe ich gekündigt. Ich wollte immer schon in der Pflege arbeiten. Das habe ich dann getan.“

WIE HABEN SIE SICH GEFÜHLT, ALS SIE GEMOBBT WURDEN?

„Ich hatte richtig Angst. Ich war erleichtert, als ich gekündigt habe. Jetzt fühle ich mich viel besser.“

WIE IST ES JETZT BEI DER ARBEIT?

„Es gefällt mir. Meine Kollegen mögen mich so, wie ich bin. Ich werde wie eine Erwachsene behandelt. Dadurch habe ich mich auch verändert. Ich bin ruhiger geworden. Und ich habe keine Angst mehr, gemobbt zu werden.“

HABEN SIE TIPPS FÜR MENSCHEN, DIE GEMOBBT WERDEN?

„Reden Sie darüber, mit Ihrem Chef oder mit jemandem aus der Familie. Mein Bruder hat mir damals sehr geholfen, als ich gemobbt wurde. Sie können auch zu einer Beratungsstelle gehen. Manchmal weiß man gar niemanden, mit dem man reden kann. Dann können Sie auch Ihrem Hausarzt davon erzählen.“

> „Mein Bruder hat mir sehr geholfen, als ich gemobbt wurde.“

WIE SORGEN SIE DAFÜR, DASS

Nicht jeder wird gemobbt. Oft sind es Menschen, die zum Beispiel anders aussehen. Aber manchmal sind es auch Menschen, die schnell verlegen sind oder die nicht so selbstsicher sind.

SELBSTSICHER

Es ist wichtig, dass man für sich selbst einsteht. Und dass man sich traut zu sagen, was man denkt und meint. Wenn man selbstsicher ist, kann man sich besser gegen dumme Bemerkungen wehren.

POSITIV DENKEN

Wenn man selbstsicher ist, ist man oft auch zufrieden mit sich. Man denkt also positiv über sich selbst. Wenn man etwas schwer findet, dann denkt man nicht: Das klappt nie. Sondern man denkt: Das schaffe ich schon! Die Kollegen merken es auch, wenn man selbstsicher ist. Sie denken dann auch eher positiv über jemanden. Sie trauen sich dann nicht, böse Bermerkungen zu machen. Selbstsicher zu sein hilft, dass man nicht gemobbt wird.

BEISPIELE

Beispiele für positive Gedanken sind:

- **Denken Sie nicht:**
  „Alle behandeln mich schlecht."'
  Denken Sie:
  „Man muss mich respektieren."
- **Denken Sie nicht:** „Keiner mag mich."'
  Denken Sie: „Ich bin freundlich."
- **Denken Sie nicht:** „Alles geht schief."
  Denken Sie: „Ich werde es schaffen."

NICHT ANGEBEN

Selbstsicher zu sein heißt nicht, dass man angeben soll. Man darf natürlich sagen, dass man seine Arbeit gut macht. Aber sagen Sie nicht, dass Sie immer der Beste sind oder dass andere nicht so gut sind. Denn sonst fühlen andere sich von Ihnen schlecht behandelt. Und haben so doch wieder einen Grund, Sie zu mobben.

Es ist wichtig, dass Sie für sich selbst einstehen.

SIE NICHT GEMOBBT WERDEN?

HALTUNG

Unsichere Menschen werden öfter gemobbt. Man kann an Ihrer Haltung erkennen, ob Sie unsicher sind. Sie dürfen ruhig eine selbstsichere Haltung haben. Dann wissen andere: Sie sind nicht unsicher oder ängstlich. So werden Sie weniger gemobbt.
Doch wie geht das mit einer selbstsicheren Haltung? Hier unten gibt es ein paar Tipps.

SO WIRKEN SIE SELBSTSICHER

- Sehen Sie Menschen an, wenn Sie mit ihnen reden.
- Verschränken Sie nicht die Arme, wenn jemand mit Ihnen spricht. Legen Sie die Hände besser auf einen Tisch.
- Stehen Sie gerade, mit den Schultern nach hinten.
- Halten Sie die Hände ruhig und spielen Sie nicht mit Ihrer Kleidung.
- Sprechen Sie deutlich und langsam. Schreien Sie nicht, auch wenn Sie wütend sind. Sprechen Sie aber auch nicht zu leise, sonst wirken Sie unsicher.

FRAGE / ANTWORT

Hier stellen Angestellte aus Werkstätten Fragen über Streit und Mobbing. Was macht man zum Beispiel, wenn ein Kollege gemobbt wird? Die Fragen und Antworten lesen Sie hier:

FRAGE

Ich arbeite in einer Gärtnerei. Dort mache ich Gartenarbeiten. Die Arbeit macht Spaß. Wir sind ein tolles Team. Aber seit ein paar Wochen gibt es ein Problem. Meine Kollegen mobben einen Jungen im Team. Das mag ich nicht. Zu Anfang habe ich mitgemacht, aber jetzt nicht mehr. Ich möchte dem Jungen helfen, aber ich traue mich nicht. Denn ich habe Angst, auch gemobbt zu werden. Was soll ich tun? Er selbst tut nichts, auch nicht, wenn die Kollegen sein Essen verstecken.

> ANTWORT

Es ist gut, dass Sie nicht mehr mitmachen. So sind Sie ein gutes Vorbild. Sagen Sie Ihren Kollegen, dass Sie es nicht gut finden, das Essen von einem Kollegen zu verstecken. Wenn Sie sich das alleine nicht trauen, sprechen Sie mit Ihrem Chef. Erzählen Sie, was die Kollegen machen. Dann spricht Ihr Chef mit dem Team. Gemeinsam besprechen Sie alle, wie Sie miteinander umgehen wollen. Macht jemand mit dem Mobbing weiter? Dann sprechen Sie im Team darüber, wie Sie gemeinsam dem Jungen helfen.

FRAGE

Ich arbeite in einem Laden für gebrauchte Sachen. Es gefällt mir gut dort. Ich putze die Sachen und klebe Preise darauf. Es gibt nur ein Problem: Meine Kollegen rauchen in der Pause und das kann ich nicht leiden. Mir wird dann schlecht und ich bekomme Kopfschmerzen. Wenn ich die Kollegen bitte aufzuhören, rauchen sie einfach weiter. Obwohl das sogar verboten ist. Aber sogar mein Chef raucht in der Kantine und ist ein schlechtes Vorbild. Was kann ich tun? Ich will keinen Streit und ich will auch nicht gemobbt werden.

> ANTWORT

Erzählen Sie bei der nächsten Besprechung von dem Problem. Sagen Sie, dass Sie verstehen, wenn die Kollegen gerne rauchen. Aber erzählen Sie auch, dass Sie den Zigarettenrauch nicht vertragen. Vielleicht wissen die Kollegen das gar nicht. Erzählen Sie, wie es Ihnen geht, wenn Sie den Rauch einatmen müssen. Besprechen Sie dann gemeinsam, wo geraucht werden darf. Draußen zum Beispiel. Auch der Chef sollte darauf achten, dass sich alle daran halten.

FRAGE

Ich mag meine Arbeit immer weniger. Das liegt an zwei Kollegen. Sie haben Streit und beschimpfen sich jeden Tag. Das stört mich bei der Arbeit. Meine Kollegen wissen gar nicht mehr, warum sie wütend aufeinander sind. Der Streit hat vor langer Zeit angefangen. Ich möchte, dass meine Kollegen wieder normal miteinander umgehen. Wie kann ich dafür sorgen?

> ANTWORT

Das mit dem Schimpfen ist ja richtig blöd! Für die beiden Streithähne selbst natürlich, aber auch für Sie und andere Kollegen. Die zwei müssen ihren Streit endlich beenden. Sie sagen, dass Ihre Kollegen gar nicht mehr wissen, warum sie streiten. Wahrscheinlich hat alles mit einer blöden Bemerkung angefangen. So fängt Streit öfter an. Einer sagt etwas Dummes zu dem anderen. Dem anderen gefällt das nicht. Und plötzlich streitet man sich ohne richtigen Grund. Ihre Kollegen müssen den Streit selbst beenden. Wenn die beiden das alleine nicht schaffen, können Sie vielleicht helfen. Reden Sie mit den Kollegen. Es ist dumm, ohne Grund zu streiten. Vielleicht müssen Sie auch eine Vertrauensperson dazuholen. Die Vertrauensperson kann den beiden Kollegen klarmachen, dass sie längst aufhören können zu streiten.

FRAGE

Seit ein paar Wochen bin ich mit einem Kollegen zusammen. Wir haben noch keinem erzählt, dass wir jetzt ein Paar sind. Ich habe Angst, dass dann über uns getratscht wird und wir gemobbt werden. Was sollen wir tun? Von der Beziehung erzählen oder sie geheim halten?

> ANTWORT

Das ist eine schwierige Frage. Sie können nur gemeinsam entscheiden, ob Sie von der Beziehung erzählen oder nicht. Vorher sollten Sie gut nachdenken. Eine Liste kann Ihnen bei der Entscheidung helfen. Auf die Liste schreiben Sie die Vorteile davon auf, ehrlich zu sein. Zum Beispiel: Sie müssen die Beziehung nicht mehr geheim halten. Und keine Angst haben, entdeckt zu werden. Schreiben Sie auch die Nachteile auf. Zum Beispiel: Manche Kollegen könnten schlecht über Ihre Beziehung reden. Mit allen Vorteilen und Nachteilen auf der Liste können Sie die richtige Entscheidung treffen.

UND WIE GEHT MAN GUT

Es ist wichtig, dass man gut mit den Kollegen umgeht und dass man Respekt vor ihnen hat. So vermeidet man Streit. So wird auch seltener gemobbt.

Jeder Kollege ist anders. Es gibt junge und alte Kollegen. Männer und Frauen. Dicke und dünne Kollegen. Und Kollegen aus anderen Ländern mit einer anderen Kultur.

Vielleicht finden Sie einen Kollegen nicht so nett oder ein wenig seltsam. Versuchen Sie trotzdem, alle Kollegen immer mit Respekt zu behandeln. Respekt heißt, dass man sich normal verhält gegenüber den Kollegen. Man lacht keinen aus. Und man lässt jeden ausreden.

SICH VORSTELLEN

Reden Sie doch auch mal mit einem Kollegen, der anders ist als Sie. Durch das Reden lernen Sie sich besser kennen. Ihr Kollege ist vielleicht viel netter als Sie glauben. Vielleicht mögen Sie ihn sogar. Wenn Sie einen Kollegen noch nicht kennen, dann stellen Sie sich vor. Geben Sie ihm die Hand und sagen Sie, wie Sie heißen. Erzählen Sie über sich. Fragen Sie auch den Kollegen ein paar Dinge.

GESPRÄCH

Man lernt sich durch ein kurzes Gespräch besser kennen. Dafür ist immer mal Zeit. Zum Beispiel in der Pause, oder morgens, wenn Sie bei der Arbeit ankommen. Sagen

MIT KOLLEGEN UM?

Sie einfach „Guten Morgen“ und fragen Sie den Kollegen, wie es ihm geht.

ZUHÖREN

Sehen Sie einen Kollegen an, wenn Sie mit ihm sprechen. Dann sieht er, dass Sie gerne mit ihm reden. Hören Sie gut zu, was Ihr Kollege erzählt. Manche Kollegen sind verlegen und reden nicht gerne. Aber wenn Sie Fragen stellen, fällt auch einem schüchternen Kollegen das Reden leichter.

FREUNDE

Sie müssen nicht alle Kollegen nett finden. Mit manchen Kollegen hat man einfach mehr Dinge gemeinsam. Zum Beispiel das gleiche Hobby. Manche Kollegen werden sogar Freunde.

STREIT

Es ist schön, wenn man sich gut mit den Kollegen versteht. Aber manchmal gibt es auch Streit. Dann sollte man miteinander reden, aber nicht gleich nach dem Streit. Warten Sie, bis Sie wieder ruhig sind. Manchmal kann es auch helfen, wenn jemand anderes bei dem Gespräch dabei ist. Das kann helfen, den Streit zu beenden.

VERLIEBT

Haben Sie eine Beziehung mit einem Kollegen? Das ist schön. Aber küssen Sie sich nicht dauernd auf der Arbeit. Das kann manche Kollegen stören.

BERÜHREN

Berührt Sie ein Kollege, ohne dass Sie das wollen? Das ist nicht schön. Niemand darf Sie ohne Ihre Zustimmung berühren. Manchmal geschieht das aus Versehen. Wenn es mit Absicht geschieht, dann gehen Sie sofort zu Ihrem Chef oder zu Ihrer Vertrauensperson. Sie brauchen nichts zulassen, was Ihnen nicht gefällt.

TIPPS

Wollen Sie besser mit Kollegen umgehen? Dann lesen Sie diese Tipps:

- **Halten Sie sich nicht für besser als Ihre Kollegen.**
- **Versuchen Sie, freundlich zu sein.**
- **Hören Sie Ihren Kollegen zu.**
- **Sind Sie wütend auf einen Kollegen? Erzählen Sie das nicht herum. Sprechen Sie nur mit dem Kollegen, auf den Sie wütend sind. Sprechen Sie ruhig und freundlich.**
- **Tratschen Sie bei der Arbeit nicht über andere Kollegen.**

EIN KLEINER TEST

Was wissen Sie jetzt über Mobbing bei der Arbeit? Testen Sie sich selbst!
Die richtigen Antworten finden Sie auf Seite 27.

1 Was heißt „selbstsicher"?

A. Verlegen sein.
B. Angeben.
C. Für sich einstehen.
D. Anders aussehen als andere Menschen.

2 Wenn Sie einen Kollegen mit Respekt behandeln, dann …?

A. Sind Sie unfreundlich, weil er anders aussieht.
B. Benehmen Sie sich normal ihm gegenüber. Es ist egal, ob er anders aussieht.
C. Benehmen Sie sich normal ihm gegenüber, weil andere Leute das auch tun.
D. Sind Sie unfreundlich, weil andere Leute das ihm gegenüber auch sind.

3 Was sollten Sie tun, wenn Sie gemobbt werden?

A. Mit Ihrem Chef oder Ihrer Vertrauensperson darüber sprechen..
B. Nichts. Sie warten, bis es aufhört.
C. Eine andere Stelle suchen.
D. Wütend werden auf den Kollegen, der Sie mobbt.

Die richtigen Antworten stehen auf Seite 27.

4

Was ist der Unterschied zwischen ärgern und mobben?

A. Mobben heißt, ab und zu Witze machen. Ärgern heißt, sich mit Absicht unfreundlich benehmen.

B. Ärgern heißt, ab und zu Witze machen. Mobben heißt, sich mit Absicht unfreundlich benehmen.

C. Es gibt keinen Unterschied.

5

Was ist ein Beispiel für eine gute Haltung?

A. An der Kleidung herumspielen.

B. Die Arme verschränken.

C. Jemanden nicht ansehen.

D. Aufrecht und gerade stehen.

6

Was ist eine Vertrauensperson?

A. Jemand mit viel Selbstvertrauen.

B. Jemand, mit dem man über alles reden kann. Eine Vertrauensperson hilft Menschen mit Problemen.

C. Jemand, der Menschen hilft, eine andere Stelle zu finden.

D. Jemand, der anderen Menschen Geld gibt.

7

Wenn Sie mit einem Kollegen reden, dann …

A. Müssen Sie nicht wirklich zuhören.

B. Sagen Sie nichts und hören nur zu.

C. Sollten Sie ab und zu Fragen stellen.

D. Sehen Sie ihn nicht an.

MOBBING AM HANDY

> Anrufe und *Whatsapp*

Manche Kollegen trauen sich nicht, jemandem etwas direkt zu sagen. Vor allem, wenn sie etwas Unschönes sagen wollen. Diese Kollegen schreiben manchmal Whatsapp-Nachrichten im Handy. Oder sie rufen dauernd bei jemandem an, auch abends oder sogar nachts. Auch das kann Mobbing sein. Sie können so einen Kollegen aus Whatsapp löschen. Aber er kann Sie immer noch anrufen. Manchmal hilft es nur, sich eine neue Telefonnummer geben zu lassen.

> *Facebook und Twitter*

Richtig unangenehm kann es sein, wenn ein Kollege hässliche Dinge über Sie bei Facebook oder Twitter schreibt. Denn das können viele Menschen lesen. Wenn unwahre Dinge über Sie geschrieben werden, sollten Sie sich Hilfe holen. Sprechen Sie gemeinsam mit einer Vertrauensperson mit dem Kollegen. Machen Sie dem Kollegen klar, dass er etwas Verbotenes tut. Hört der Kollege damit nicht auf, können Sie das bei Facebook oder Twitter melden. Die Vertrauensperson kann Ihnen dabei helfen.

HILFE UND BERATUNG

BERATUNGSSTELLEN

Vielleicht möchten Sie lieber nicht bei der Arbeitsstelle darüber sprechen, wenn Sie gemobt werden. Es gibt Beratungsstellen, bei denen Sie von Ihren Problemen erzählen können. Bekannt sind zum Beispiel die Angebote von der Caritas oder von der AWO. Dort bekommen Sie Tipps, wie Sie sich verhalten können.

Wenn Sie nicht wissen, welche Beratungsstellen es in Ihrem Ort gibt, fragen Sie im Rathaus nach. In einigen Beratungsstellen können Sie sich kostenlos beraten lassen. Erkundigen Sie sich vorher, ob Sie etwas bezahlen müssen.

INTERNETSEITEN

Im Internet gibt es verschiedene Seiten mit Ratschlägen, was man bei Mobbing tun kann. Tippen Sie „Hilfe + Mobbing“ in das Suchfeld ein.

HILFE AM TELEFON

Es gibt auch Beratung und Hilfe am Telefon. Vielleicht kennen Sie niemanden, mit dem Sie über das Mobbing reden möchten. Dann können Sie die Telefonseelsorge anrufen. Die Telefonnummern sind: 0800/111 0 111 oder 0800/111 0 222 oder 116 123. Der Anruf kostet kein Geld.

WÖRTERLISTE

MOBBING, MOBBEN

Mobben heißt, dass jemand mit Absicht unfreundlich zu Ihnen ist. Er macht hässliche Bemerkungen. Zum Beispiel über Ihren Glauben oder Ihre Arbeit oder über Ihr Aussehen.

ÄRGERN

Ärgern heißt, dass jemand ab und zu einen Witz über Sie macht. Ärgern ist nicht schlimm. Manchmal lacht man selbst auch über diese Witze.

RESPEKT

Das heißt, dass sie freundlich mit anderen Menschen umgehen. Auch wenn der Mensch anders ist als Sie. Respekt heißt auch, jemanden ernst zu nehmen.

HOMOSEXUELL

Manche Männer verlieben sich in Männer. Manche Frauen verlieben sich in Frauen. Das nennt man homosexuell. Homosexuell zu sein ist ganz normal.

VERTRAUENSPERSON

Das ist jemand im Unternehmen, der Mitarbeitern mit Problemen hilft. Zum Beispiel wenn ein Mitarbeiter gemobbt wird. Der Vertrauensperson kann man alles erzählen. Sie lacht einen nicht aus. Und sie hilft einem, Lösungen zu finden. Die Vertrauensperson kann ein Sozialarbeiter sein. Oder jemand, der von den Mitarbeitern gewählt wird. In Betrieben ohne Vertrauensperson kann man zu jemand gehen, den man sehr mag.